鲸鱼之旅　　　　庄玥玶 主编

海洋幽灵——白鲸

赵天刚 著　　于子洋 绘

应急管理出版社

· 北京 ·

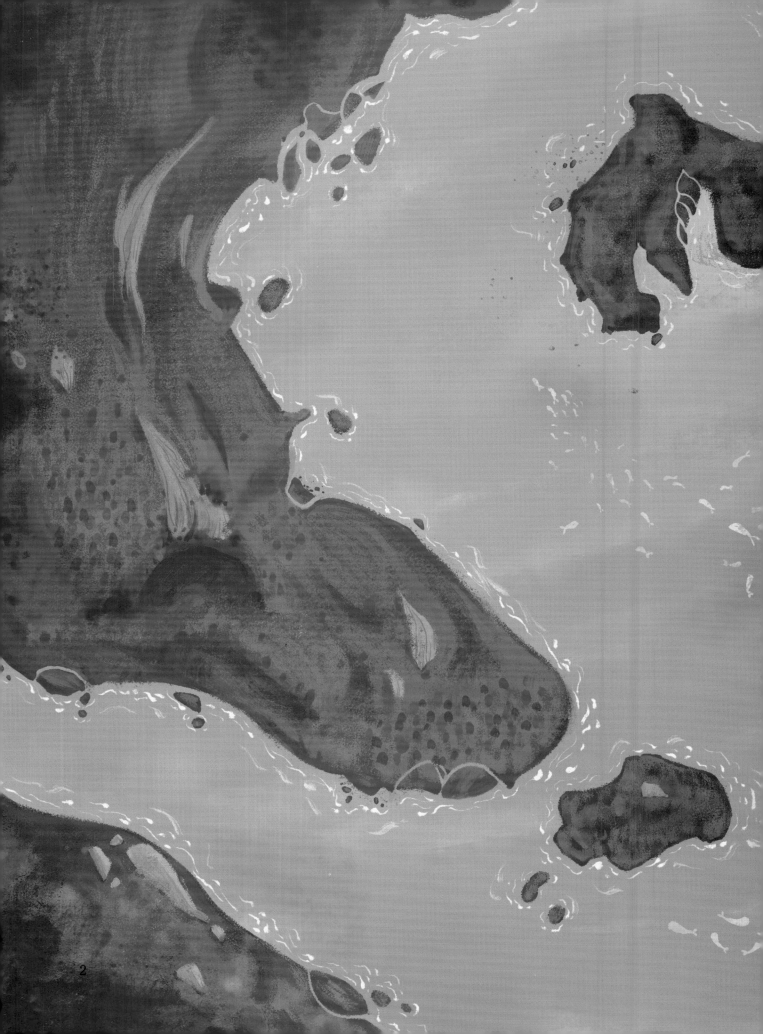

温暖的阳光洒向这片寒冷之地，冰雪慢慢消融。这预示着白鲸家族要开始今年的长途之旅了，他们要游回白鲸家族的"圣地"——北极群岛。

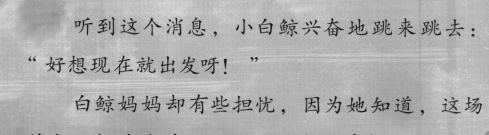

听到这个消息，小白鲸兴奋地跳来跳去：
"好想现在就出发呀！"

白鲸妈妈却有些担忧，因为她知道，这场
旅行不仅路途遥远，而且还充满着危险。

"咔嚓——"

海面上封冻的冰层断裂了，一条绵延到远方的曲折水道赫然出现在白鲸家族的面前。

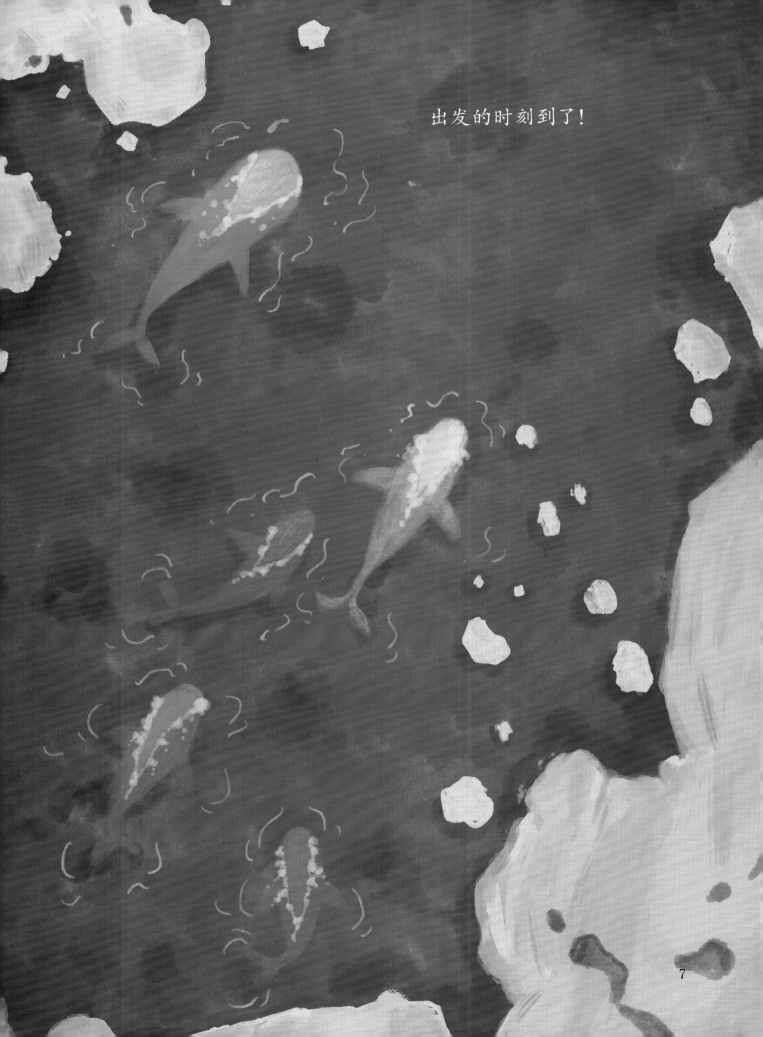

出发的时刻到了！

白鲸家族一边引吭高歌，一边顺着水道向远方奋力地游去……

他们终于游过了狭窄幽深的水道，正当他们为眼前开阔的
海域欢呼跳跃时，他们的天敌虎鲸却早已潜伏在附近。

海洋中的一段声音引起了白鲸妈妈的注意，有着丰富经验的她认为这是虎鲸的声音。白鲸妈妈急忙将这个消息通知大家。

虎鲸能听到白鲸们的歌声，所以白鲸家族停止了歌唱，中断了聊天，就连呼吸都变得小心翼翼，他们在海中静悄悄地游着……

白鲸家族终于游过了那片危险的海域，他们放松了紧绷的神经。

　　小白鲸调皮地游到妈妈的背上，这样不仅节省体力，还可以随时畅快地呼吸。

经过长途跋涉，白鲸家族来到了
北极群岛温暖的浅水湾。

在温暖的浅水湾里，白鲸们脱掉长着寄生虫的
"旧衣服"，换上干净漂亮的"新衣服"。

"嘻嘻，穿新衣喽！"小白鲸高兴地跳起了舞。

17

小白鲸把身体弯成一个"香蕉"，用水底的石头来按摩后背。"穿新衣，按按摩，我的皮肤变得白嫩有光泽，真舒服呀！"小白鲸高兴地唱起歌来。

越来越多的白鲸来到这里，他们在浅水湾里互相问候、追逐嬉戏，尽情地唱着动听的歌曲。这是白鲸一年一度欢聚的时刻！

这里是白鲸的"圣地"。他们在这里孕育新的生命，小白鲸就是在这里出生的。

浅水湾的水很浅，虎鲸无法游到这里。白鲸妈妈们可以安心地哺育白鲸宝宝。

　　一段时间后，白鲸们就会踏上回家的征程。

当温暖的阳光再次照射在冰面上时，小白鲸将会开启一段新的旅程。

图书在版编目（CIP）数据

海洋幽灵：白鲸／赵天刚著；于子洋绘 . -- 北京：
应急管理出版社，2023

（鲸鱼之旅／庄玥玶主编）

ISBN 978 - 7 - 5237 - 0050 - 1

Ⅰ.①海…　Ⅱ.①赵…　②于…　Ⅲ.①鲸—儿童读物

Ⅳ.①Q959.841 - 49

中国国家版本馆 CIP 数据核字（2023）第 223051 号

海洋幽灵　白鲸（鲸鱼之旅）

主　　编	庄玥玶
著　　者	赵天刚
绘　　画	于子洋
责任编辑	孙　婷
封面设计	娃娃绘本原创部

出版发行　应急管理出版社（北京市朝阳区芍药居 35 号　100029）

电　　话　010 - 84657898（总编室）　010 - 84657880（读者服务部）

网　　址　www.cciph.com.cn

印　　刷　永清县晔盛亚胶印有限公司

经　　销　全国新华书店

开　　本　889mm×1194mm$^1/_{16}$　印张　10$^1/_2$　字数　120 千字

版　　次　2023 年 12 月第 1 版　2023 年 12 月第 1 次印刷

社内编号　20230872　　　　定价　108.00 元（共六册）

鲸鱼之旅

庄玥玶 主编

海洋怪兽
——抹香鲸

赵天刚 著　　于子洋 绘

应急管理出版社

· 北京 ·

3

你好，你认识我吗？

我叫达达，是抹香鲸家族中年龄最小的一个。

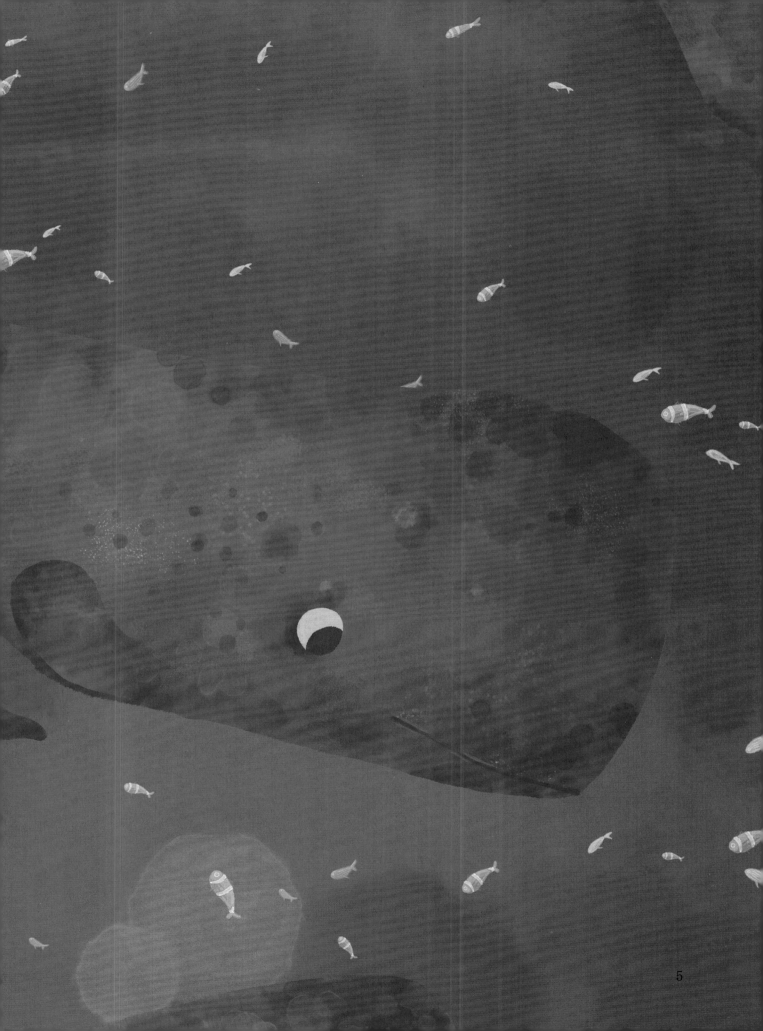

我的家族一共有十多个兄弟姐妹。

我们都有一个
共同的特点——脑
袋特别大。

大脑袋大约占到我们身体的三分之一。

$\dfrac{1}{3}$

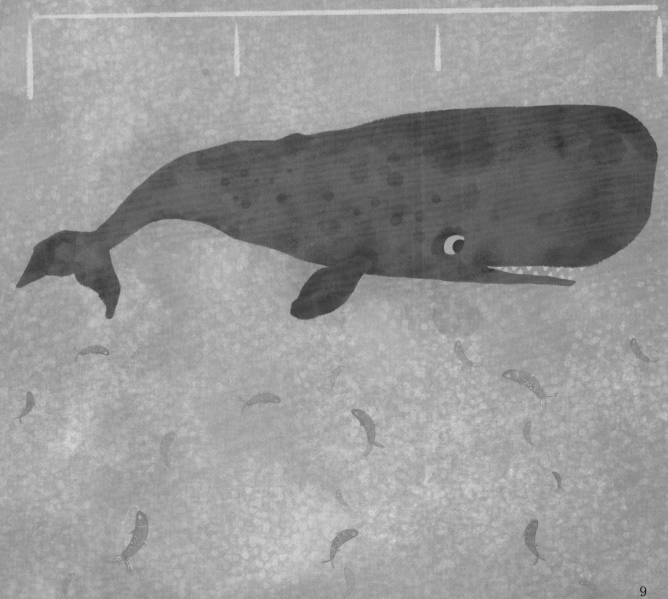

大脑袋让我们的尾巴看上去又轻又小。嘿嘿！大脑袋，小尾巴，我们像不像一条条巨大的蝌蚪？

我们喜欢在大海中自由自在地遨游，我们换气的时候会喷出漂亮的水花。

不过我们喷出的水花会向前倾斜，和那些鲸鱼家族垂直喷出的水花不同哦。

至于我们睡觉的姿势，你一定想不到。睡觉时，我们会聚在一起，将身体直立在海水中，就像一个个竖着的大茄子！

15

如果你感到好奇想过来看看，那你一定要抓紧时间哦，因为我们每次只会睡十几分钟，睡醒后马上就启航出发啦。

海洋广阔美丽，可也暗藏着危险，这当中就有我们抹香鲸的天敌——虎鲸！

每当遇见虎鲸的时候，家族中的长辈就会头朝里、尾巴朝外地围成一圈，像一朵绽放的玫瑰，而我就是躲藏在"玫瑰"中心的"花蕊"。

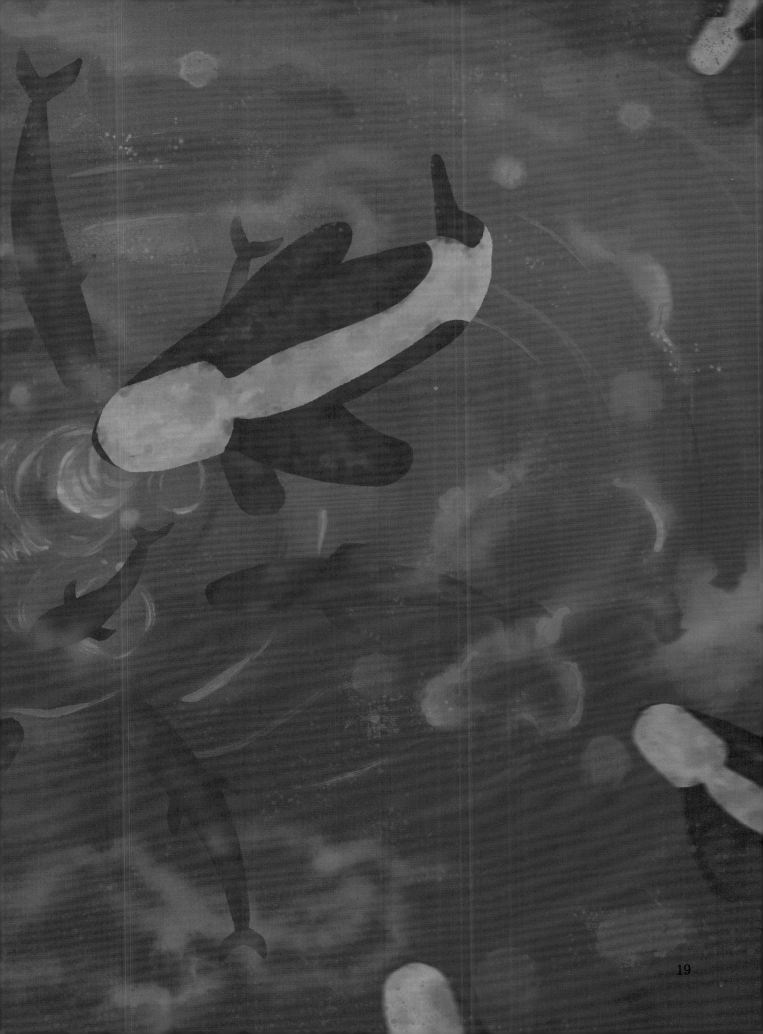

19

妈妈和姐姐们用力地摆动自己的尾巴驱赶虎鲸。

虎鲸无法靠近，只能灰溜溜地离开了。

呼——好险呀！有大家在，我就不怕啦。

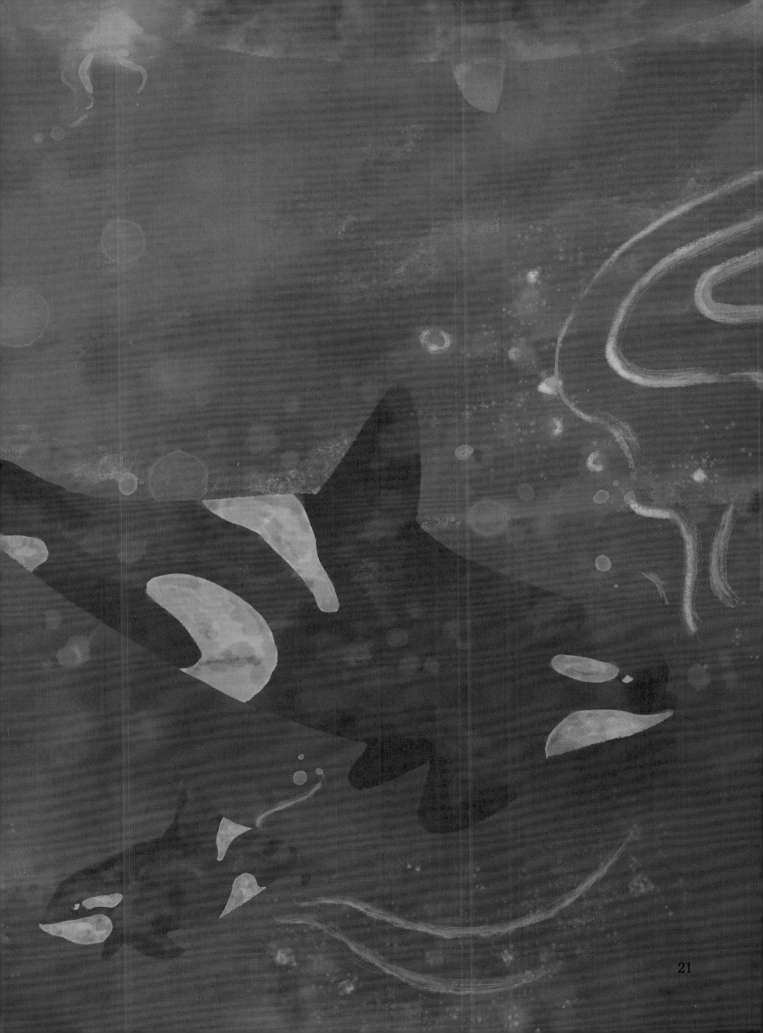

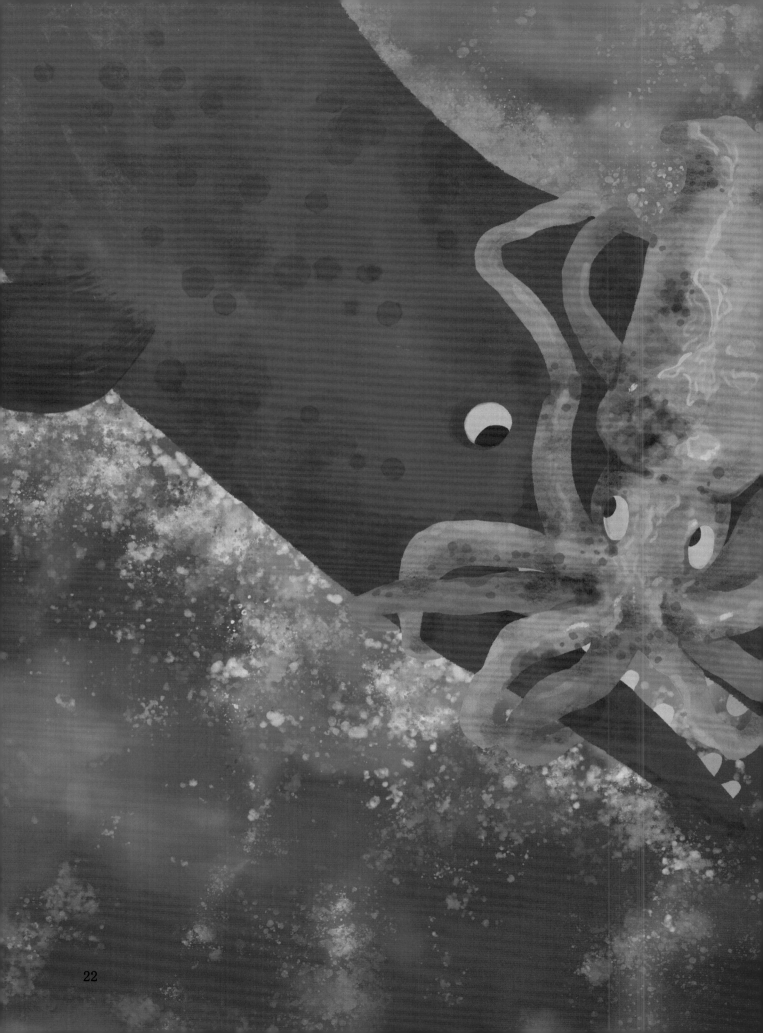

我们抹香鲸最喜欢吃的食物就是大王乌贼。虽然大王乌贼住在水深 2000 多米的深海里，但我们抹香鲸都是潜水高手，水深 2000 多米的深海不算什么。

乌贼身上有一些不好消化的东西会残留在我们的肠道内，这会让我们的肚子很不舒服。这时，我们的肠道就会分泌出一种特殊的物质，将这些东西包起来，慢慢地就形成一种特殊的香料——龙涎香。

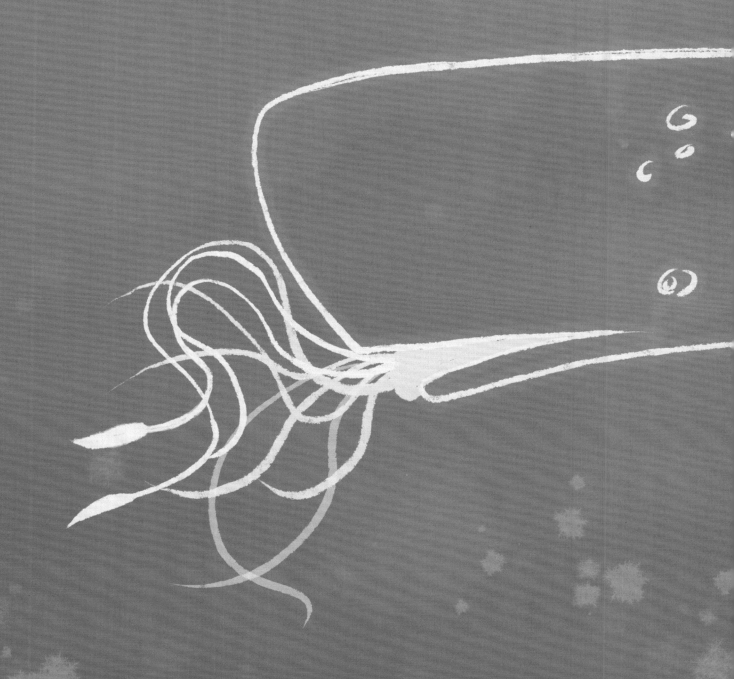

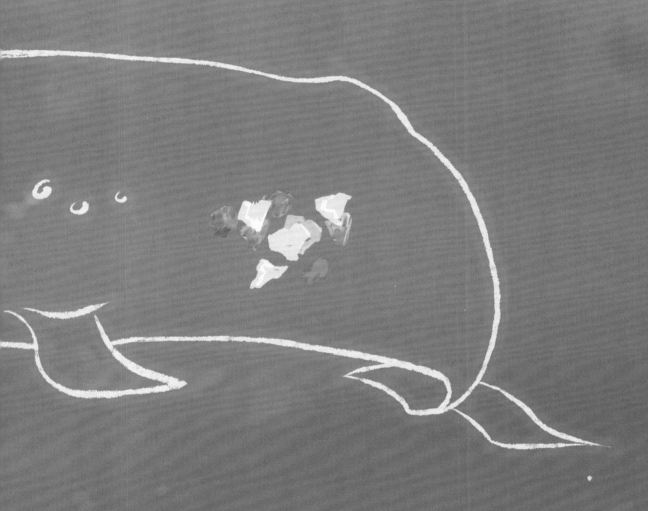

龙涎香可是一种珍贵的香料哦，这也是我们名字的由来。

图书在版编目（CIP）数据

海洋怪兽：抹香鲸／赵天刚著；于子洋绘 . -- 北京：
应急管理出版社，2023

（鲸鱼之旅／庄玥玶主编）

ISBN 978 - 7 - 5237 - 0050 - 1

Ⅰ . ①海… Ⅱ . ①赵… ②于… Ⅲ . ①鲸—儿童读物

Ⅳ . ①Q959.841 - 49

中国国家版本馆 CIP 数据核字（2023）第 223053 号

海洋怪兽 抹香鲸（鲸鱼之旅）

主　　编	庄玥玶
著　　者	赵天刚
绘　　画	于子洋
责任编辑	孙　婷
封面设计	娃娃绘本原创部

出版发行　应急管理出版社（北京市朝阳区芍药居35号　100029）

电　　话　010 - 84657898（总编室）　010 - 84657880（读者服务部）

网　　址　www.cciph.com.cn

印　　刷　永清县晔盛亚胶印有限公司

经　　销　全国新华书店

开　　本　889mm×1194mm $^1/_{16}$　印张　$10^1/_2$　字数　120千字

版　　次　2023年12月第1版　2023年12月第1次印刷

社内编号　20230872　　　　　定价　108.00元（共六册）

鲸鱼之旅

庄玥玶 主编

海洋之歌
——座头鲸

赵天刚 著　　于子洋 绘

应急管理出版社

· 北京 ·

2

座头鲸家族要开始旅行啦！

一路上，小幼鲸妮妮黏着妈妈问个不停。这是
妮妮第一次出远门，她对旅行的一切都充满了好奇！

座头鲸家族最喜欢唱歌了，他们都是天生的歌唱家。每年他们都会唱着歌儿来开启长途之旅。这次也不例外，所以妮妮必须尽快学会唱"海之歌"才行。

妮妮学得认真极了！

终于到了旅行的日子。

在一阵阵悠长空灵的歌声中，座头鲸家族朝着他们的目的地——南极，奋力游去！

妮妮激动不已，她不断地跃出水面，溅起一朵朵浪花，喷出一串串水柱。

游呀游，游呀游，妮妮紧紧地跟着妈妈向前行。

每当妮妮肚子饿了时，她就凑到妈妈的身边，尽情地吮吸着奶水。

妈妈说，等妮妮游到南极，她就长成"大鲸鱼"了。

那时，妮妮就不用再喝奶水，可以吃美味的磷虾啦！

座头鲸家族一边唱着歌儿一边向南游去，在游了8000多公里后，他们终于到达南极。妮妮跃出海面，看到这里白茫茫一片，海面上还飘浮着大大小小的浮冰。

　　妮妮说："这里白花花的一片，哪有什么好吃的呀？"

　　妈妈笑着说："不要着急，一会儿你就知道了。"

16

越来越多的座头鲸来到了这里，
这片海域顿时热闹了起来。

老朋友们用歌声打着招呼，诉说着
彼此的情谊。大家商量着要在这里聚餐，
庆祝他们的再度相逢。

这个季节的南极海域里有大量的磷虾，他们只有 5 厘米长。磷虾虽小，但数量庞大。将大量的磷虾聚集在一起吃掉，是需要技巧与合作的。

妈妈要教妮妮怎样捕食了。妮妮
看得聚精会神，生怕漏掉一个细节。

21

妈妈和很多座头鲸一起在水下吐出大量的气泡，顺时针画成一个P字形，看上去就像一张大网。磷虾们被气泡拢在一起，这时座头鲸们突然张开大嘴，一口就吞下了无数的磷虾。

妮妮也认真地学着妈妈的样子捉磷虾，吃到磷虾后，她满足地说："嘻嘻，真好吃！"

22

所有的座头鲸都吃得饱饱的。这时，妮妮不仅长成了"大鲸鱼"，也学会了捕食技巧，懂得了团结协作的意义。

时间过得很快，现在他们要回到出发地了。

"返航喽！"

明晃晃的阳光照着波光粼粼的海面。妮妮和妈妈一起喷着水花，唱着歌，跳跃着游向家的方向。

26

图书在版编目（CIP）数据

海洋之歌：座头鲸／赵天刚著；于子洋绘． -- 北京：
应急管理出版社，2023
（鲸鱼之旅／庄玥坪主编）
ISBN 978 - 7 - 5237 - 0050 - 1

Ⅰ．①海…　Ⅱ．①赵…　②于…　Ⅲ．①鲸—儿童读物
Ⅳ．①Q959.841 - 49

中国国家版本馆 CIP 数据核字（2023）第 223054 号

海洋之歌　座头鲸（鲸鱼之旅）

主　　编　庄玥坪
著　　者　赵天刚
绘　　画　于子洋
责任编辑　孙　婷
封面设计　娃娃绘本原创部

出版发行　应急管理出版社（北京市朝阳区芍药居 35 号　100029）
电　　话　010 - 84657898（总编室）　010 - 84657880（读者服务部）
网　　址　www. cciph. com. cn
印　　刷　永清县晔盛亚胶印有限公司
经　　销　全国新华书店

开　　本　889mm×1194mm$^1/_{16}$　印张　$10^1/_2$　字数　120 千字
版　　次　2023 年 12 月第 1 版　2023 年 12 月第 1 次印刷
社内编号　20230872　　　　　定价　108.00 元（共六册）

鲸鱼之旅

庄玥玶 主编

海洋巨兽 ——蓝鲸

赵天刚 著　于子洋 绘

应急管理出版社

·北京·

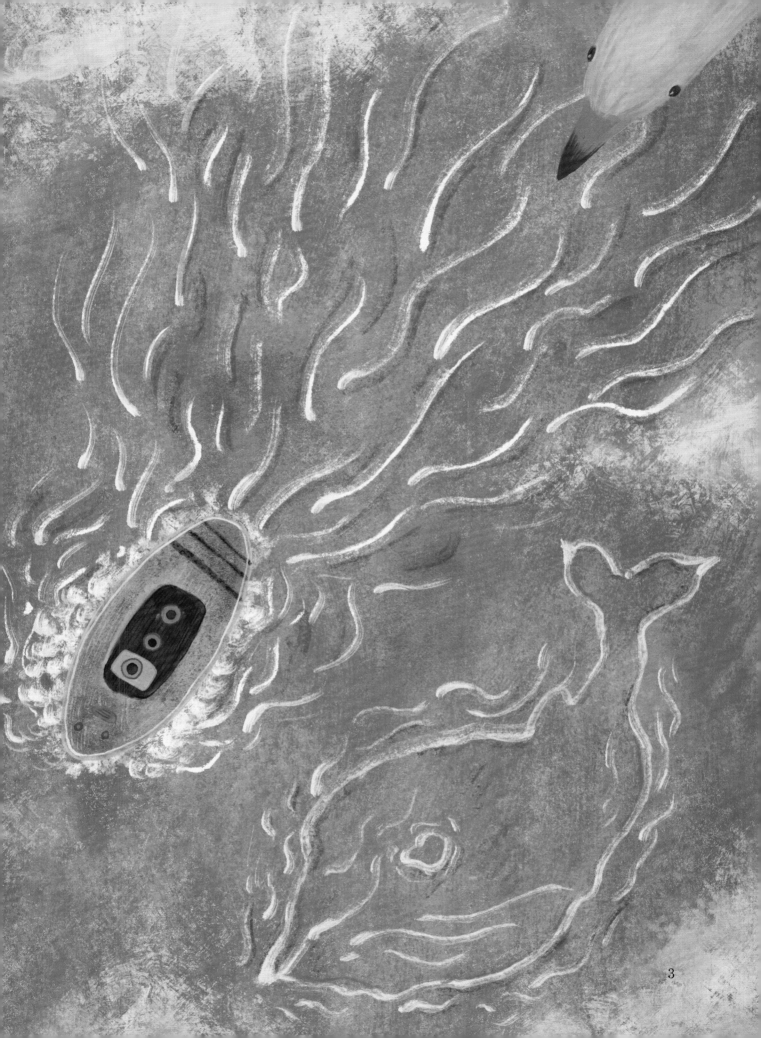

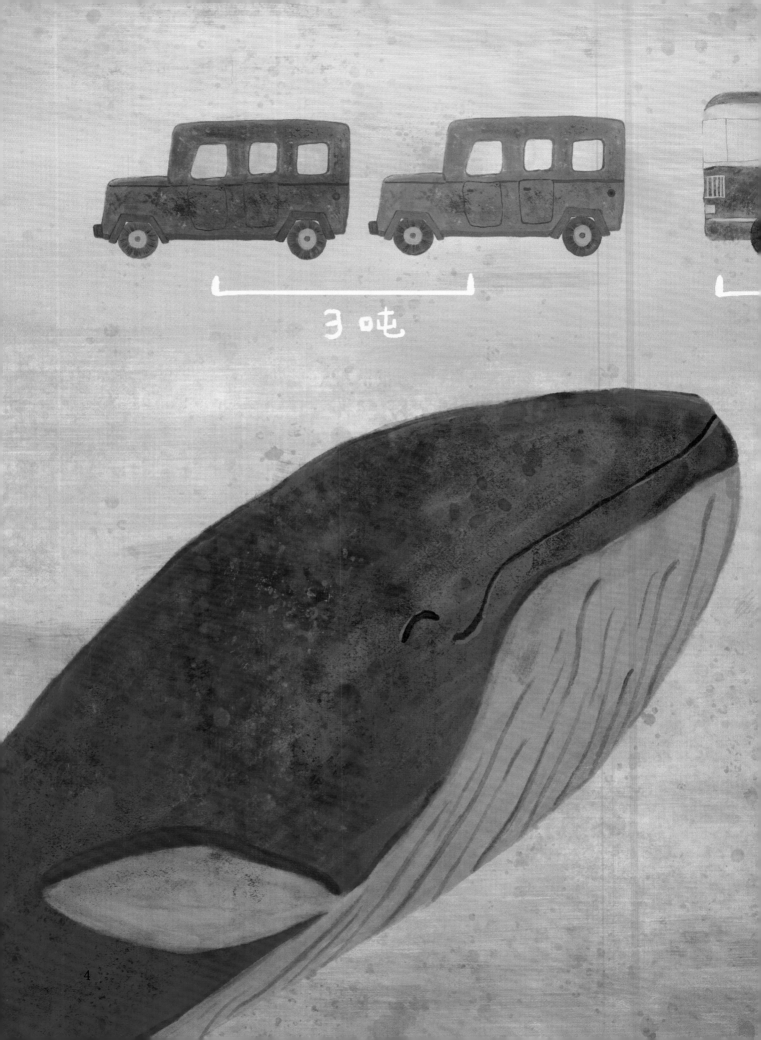

3吨

7米

我的名字叫兰兰，是一只刚出生的小蓝鲸。你别看我的年纪小，我可有3吨重，7米长呢！

我们蓝鲸是鲸家族中体积最大的。我的妈妈更厉害，她有33米长，180吨重，就像一艘大船！

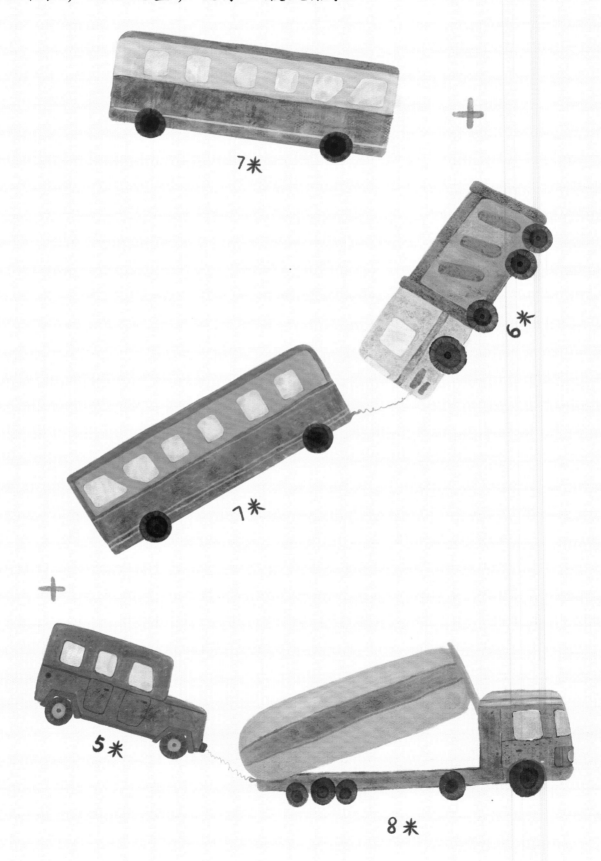

7米

＋

6米

7米

＋

5米

8米

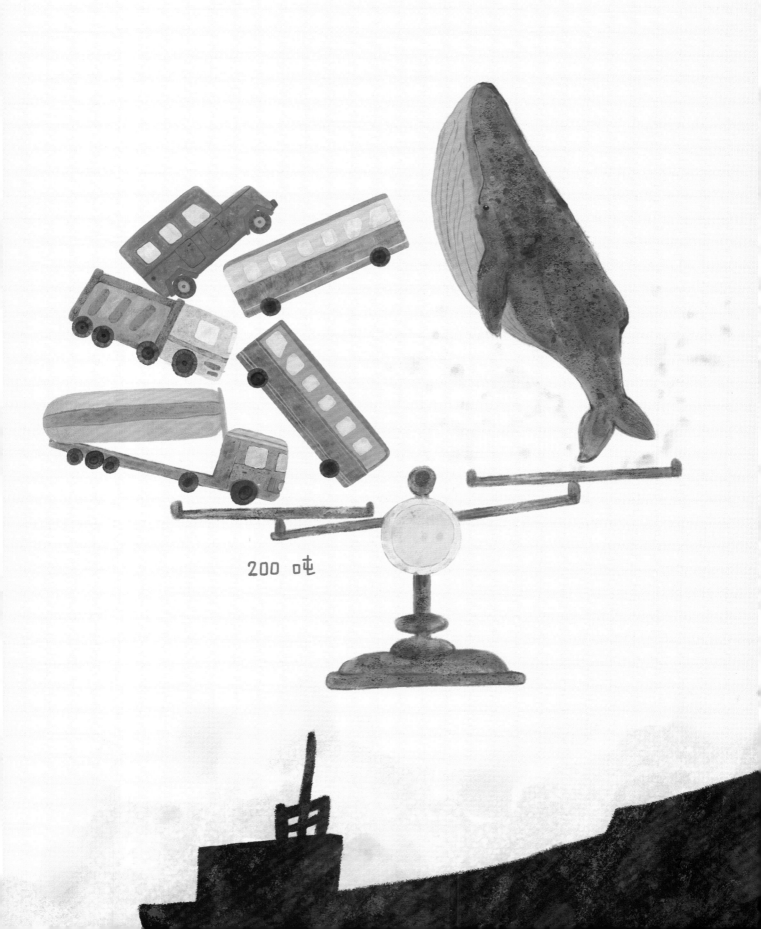

200 吨

虽然我们长得大，但是我们的性情是很温和的，
请你不要害怕我。

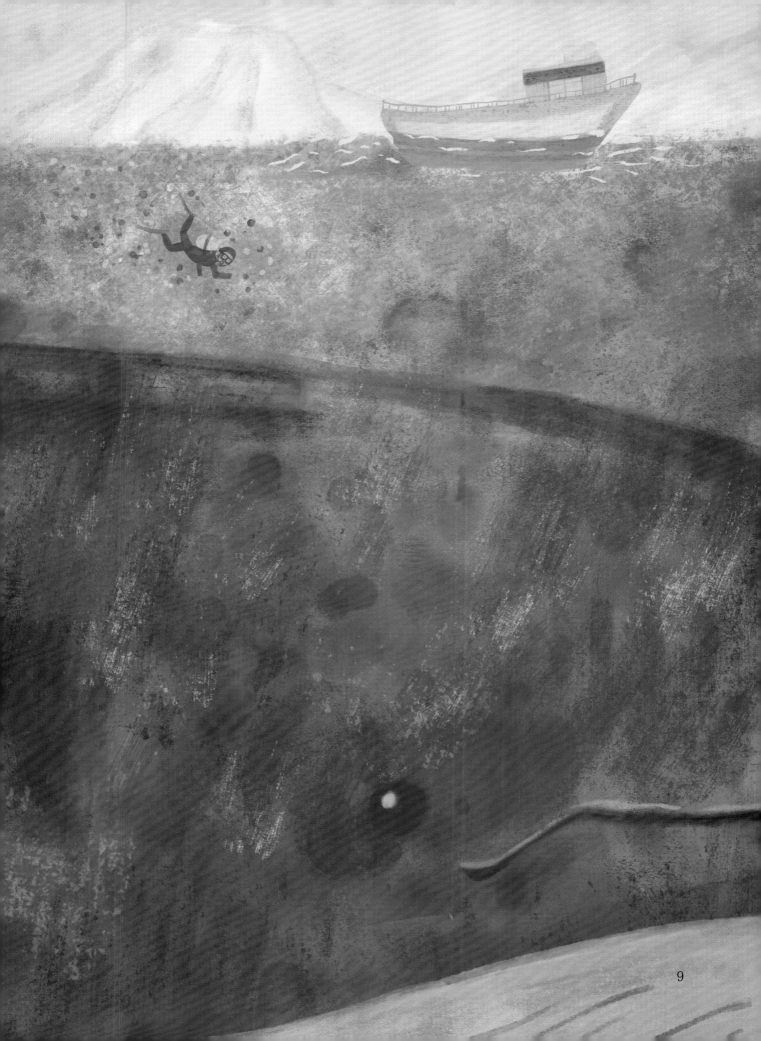

你问我最喜欢做的事情是什么？嘿嘿，当然是和妈妈一起在宽广的大海中游泳啦！

妈妈每次呼气时，都会喷出高达10米的大水柱，就像一个大喷泉！

我也会喷水柱，只不过水柱很小，像一个小喷泉。

妈妈说等我长大了，我也会喷出很高很高的水柱，
比她喷出的水柱还要高。

嘻嘻，我好期待长大呀！

我们的嗓门很大，就连远在 160 公里外的同伴也能听到我们的声音。即使我们相隔很远，也丝毫不会影响我们之间的沟通与交流。

　　我喜欢唱歌，歌声就是我们的信。所以，当我想念谁时，我就会给他唱首歌！

我们的主要食物是海洋中的磷虾和浮游生物，我们每天都能吃掉 2~5 吨的食物呢！不过，我现在还在喝奶！

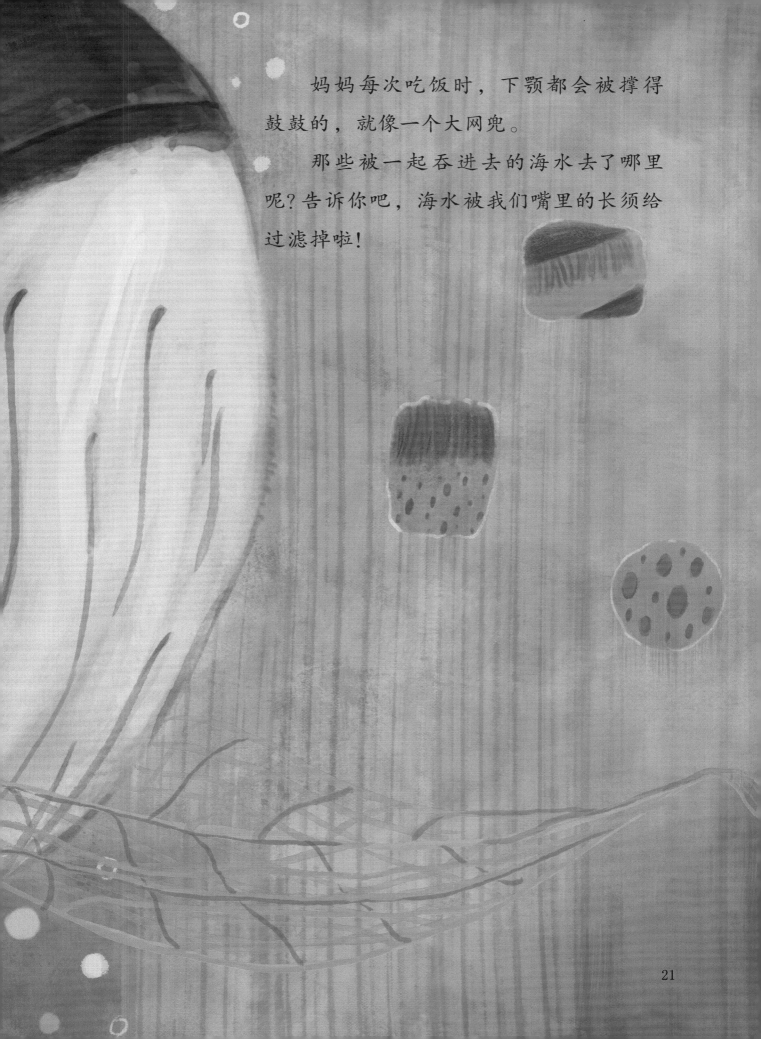

妈妈每次吃饭时，下颚都会被撑得鼓鼓的，就像一个大网兜。

那些被一起吞进去的海水去了哪里呢？告诉你吧，海水被我们嘴里的长须给过滤掉啦！

21

日子一天天过去了，我喷的
水柱也越来越大了……

我长大了，终于可以自己独立生活了。每天除了捕食、游泳，我就在幽深的海洋里唱歌……

总有一天，我会变得和妈妈一样强壮，一样厉害！

我的故事就先讲到这里。请记住我，我的
名字是兰兰，我是海洋中的巨兽——蓝鲸！

图书在版编目（CIP）数据

海洋巨兽：蓝鲸／赵天刚著；于子洋绘．－－北京：
应急管理出版社，2023

（鲸鱼之旅／庄玥玶主编）

ISBN 978－7－5237－0050－1

Ⅰ．①海…　Ⅱ．①赵…　②于…　Ⅲ．①鲸—儿童读物

Ⅳ.①Q959.841－49

中国国家版本馆 CIP 数据核字（2023）第 223057 号

海洋巨兽　蓝鲸（鲸鱼之旅）

主　　编	庄玥玶
著　　者	赵天刚
绘　　画	于子洋
责任编辑	孙　婷
封面设计	娃娃绘本原创部

出版发行　应急管理出版社（北京市朝阳区芍药居 35 号　100029）
电　　话　010－84657898（总编室）　010－84657880（读者服务部）
网　　址　www.cciph.com.cn
印　　刷　永清县晔盛亚胶印有限公司
经　　销　全国新华书店

开　　本　889mm×1194mm$\frac{1}{16}$　印张　10$\frac{1}{2}$　字数　120 千字
版　　次　2023 年 12 月第 1 版　2023 年 12 月第 1 次印刷
社内编号　20230872　　　　　定价　108.00 元（共六册）

鲸鱼之旅

庄玥坪 主编

海洋霸王——虎鲸

赵天刚 著　于子洋 绘

应急管理出版社

· 北京 ·

虎鲸家族生活在广阔的海洋里。虎鲸的嘴里长满了锋利的牙齿，他们是顶级的掠食者，是真正的海洋霸主。

虎鲸有黑白相间的花纹，看起来像大熊猫一样憨态可掬。
虎鲸家族中最年长的虎鲸妈妈是整个家族的首领。

快看，小虎鲸在和妈妈学习用声音定位呢！

虎鲸妈妈说：“你把声音看作一颗飞出去的弹力球，'弹力球'碰到物体后会带着物体的信息弹回来。通过'弹力球'带回的信息，你就能判断物体的大小、远近和形状了！”

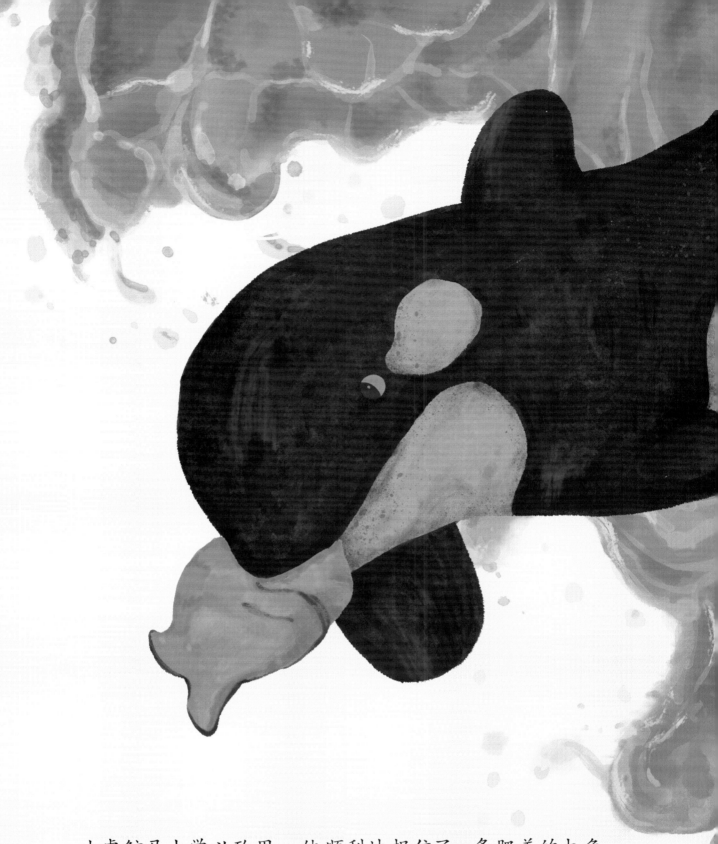

小虎鲸马上学以致用，他顺利地捉住了一条肥美的大鱼。

一天，妈妈对小虎鲸说："你已经学会了很多本领，但也要明白团队合作的重要性。明天，整个家族要游到北极圈附近的海域，那里有大量的鲱鱼，我们要去饱餐一顿！"

听到可以吃美味的鲱鱼，小虎鲸真想立刻游到那里。

"出发！去吃鲱鱼喽！"小虎鲸兴奋地学着妈妈在海面上下跳跃前行。

海风拂过虎鲸们的背鳍，他们经过长途跋涉，终于来到了北极圈。

虎鲸妈妈开始给家族的每个成员
安排工作，他们要把鲱鱼聚集在一起。
一个严密的捕鱼计划马上就要实施了。

13

一条虎鲸先游到鲱鱼群的下方，他露出白色的肚皮来吓唬鲱鱼。

14

紧接着，另一条虎鲸
吐出许多"泡泡弹"来把
鲱鱼逼向海面。

这时，虎鲸妈妈上场了。她摆动强有力的尾巴拍打着鲱鱼，鲱鱼们被打得晕头转向。现在，虎鲸家族可以享用大餐了。

小虎鲸第一次看到这么多鲱鱼。"嗷呜，嗷呜……"小虎鲸美滋滋地吃了起来。

　　虎鲸妈妈还有一个独门绝技——捕食海滩上的海狮。今天，她要把这项绝技教给小虎鲸。

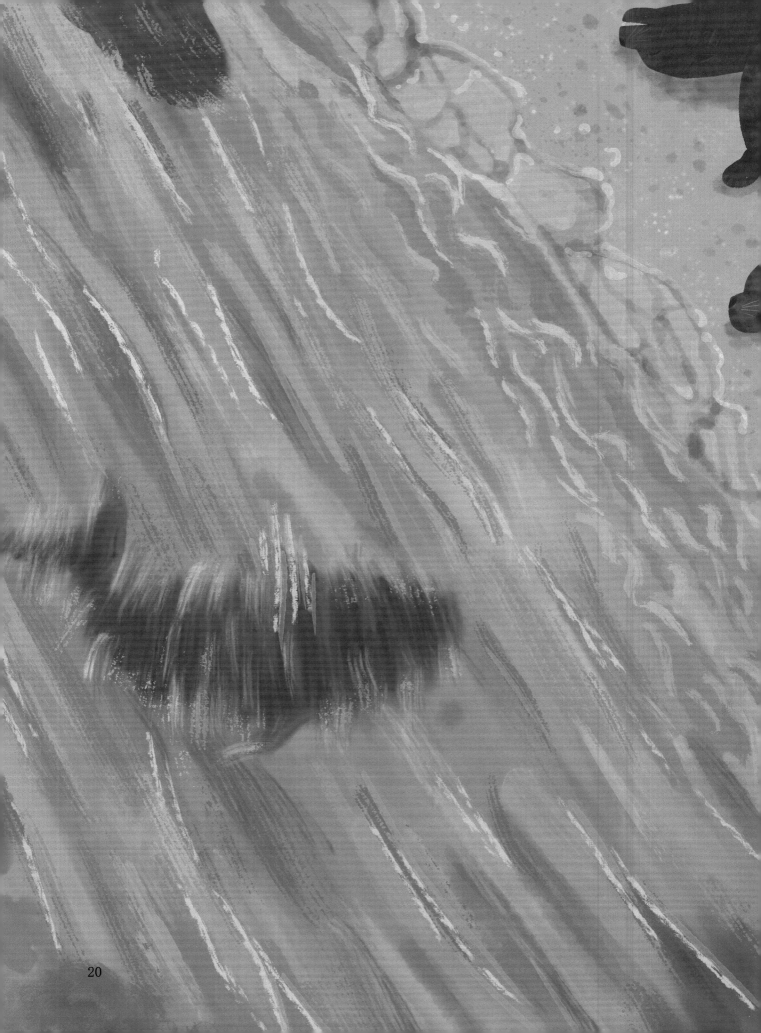

20

虎鲸妈妈顺着海岸线悄悄地潜游，她正在等待最恰当的时机。

"哗——"一大波海浪来了。

"就是现在！"虎鲸妈妈借助海浪的力量快速地冲向海岸，她的速度快得像一道闪电。她用锋利的牙齿一口咬住海狮，然后借着海浪的回流迅速地回到海里。

"哇，妈妈真厉害！"小虎鲸看得兴奋极了，他跃跃欲试。

小虎鲸学着妈妈的样子冲向海岸，可他忘记把背鳍藏在水里了，海狮们早就发现他并逃之夭夭了。

海狮没吃到，小虎鲸反而搁浅在了海滩上。他焦急地呼喊着："妈妈，妈妈……"

"哗啦——"

又一阵海浪涌来，小虎鲸顺势回到了海里，回到了妈妈身边。看来，小虎鲸还要向妈妈学习更多的本领，才能成为真正的海洋霸主！

图书在版编目（CIP）数据

海洋霸主：虎鲸／赵天刚著；于子洋绘． -- 北京：
应急管理出版社，2023

（鲸鱼之旅／庄玥玶主编）

ISBN 978 - 7 - 5237 - 0050 - 1

Ⅰ．①海…　Ⅱ．①赵…　②于…　Ⅲ．①鲸—儿童读物

Ⅳ．①Q959.841 - 49

中国国家版本馆 CIP 数据核字（2023）第 223052 号

海洋霸主　虎鲸（鲸鱼之旅）

主　　编	庄玥玶
著　　者	赵天刚
绘　　画	于子洋
责任编辑	孙　婷
封面设计	娃娃绘本原创部

出版发行　应急管理出版社（北京市朝阳区芍药居 35 号　100029）

电　　话　010 - 84657898（总编室）　010 - 84657880（读者服务部）

网　　址　www.cciph.com.cn

印　　刷　永清县晔盛亚胶印有限公司

经　　销　全国新华书店

开　　本　889mm×1194mm$^1/_{16}$　印张　10$^1/_2$　字数　120 千字

版　　次　2023 年 12 月第 1 版　2023 年 12 月第 1 次印刷

社内编号　20230872　　　　定价　108.00 元（共六册）

鲸鱼之旅

庄玥玶 主编

海洋独角兽
——独角鲸

赵天刚 著　于子洋 绘

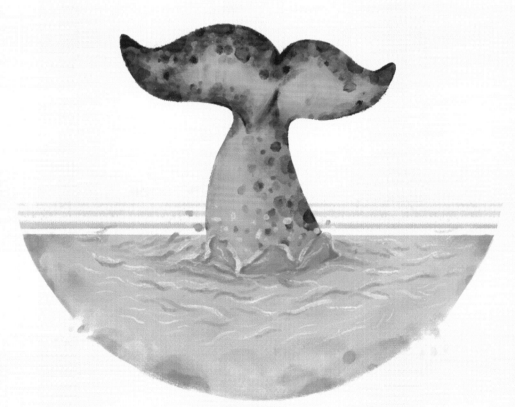

应急管理出版社

· 北京 ·

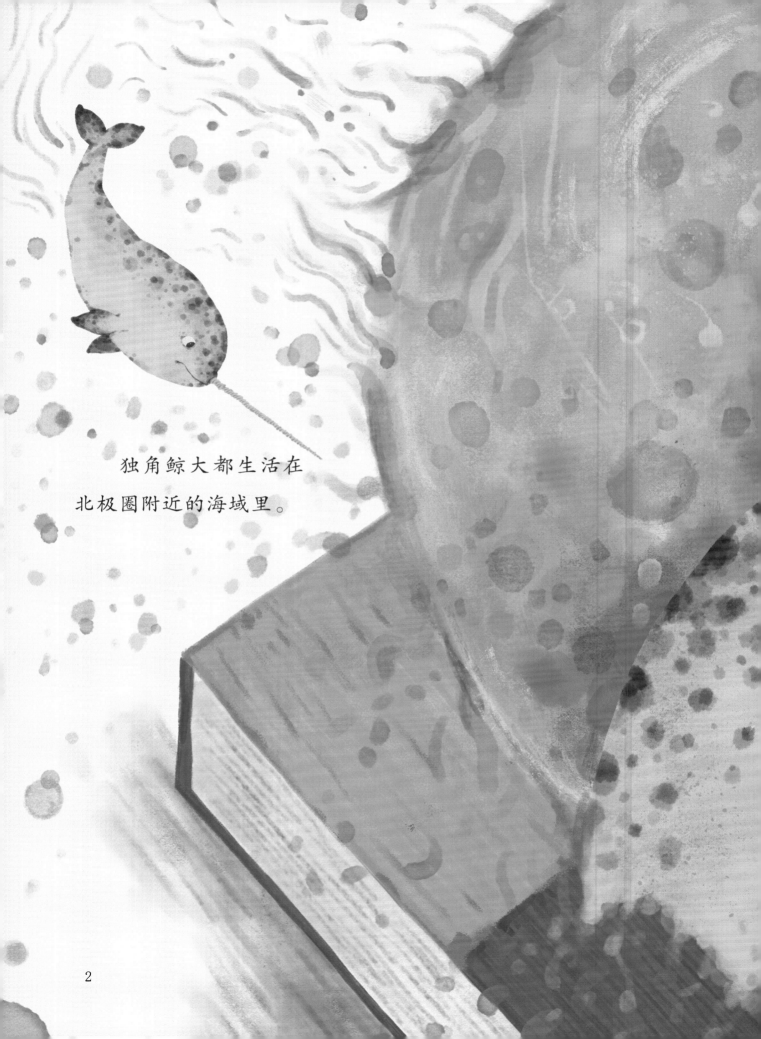

独角鲸大都生活在
北极圈附近的海域里。

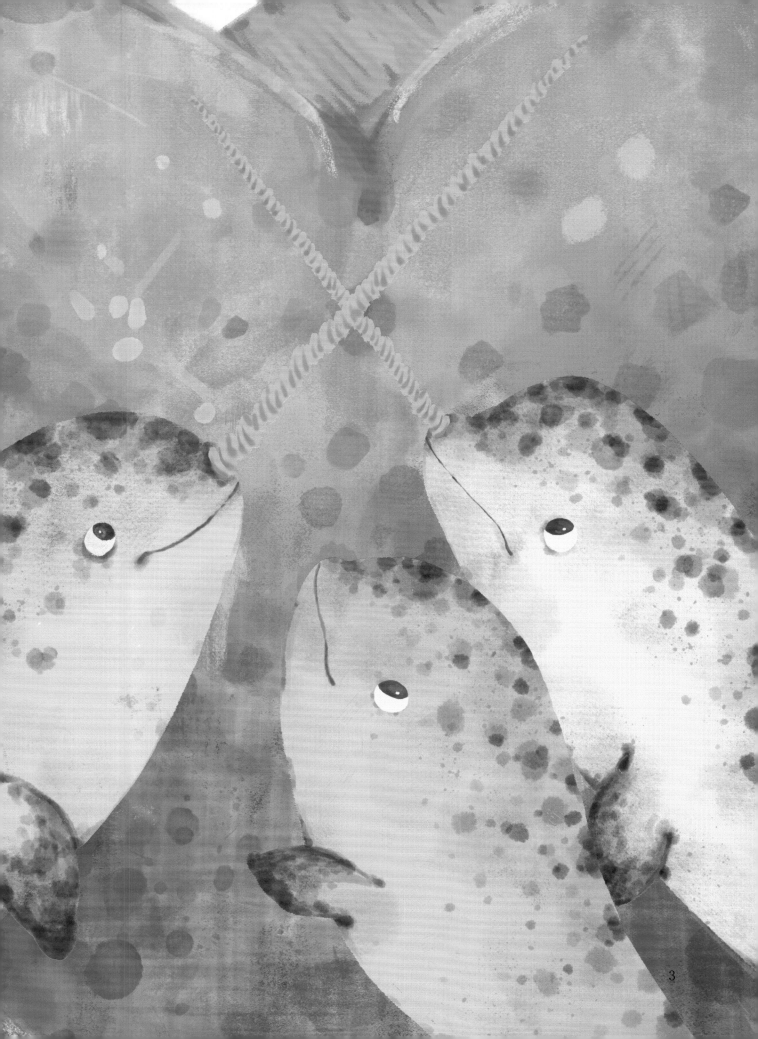

4

5 米

　　成年独角鲸能长到 4~5 米，但这个长度在整个鲸鱼家族里并不算大。

正如独角鲸的名字一样，每头雄性独角鲸都长着一根"角"。这根"角"其实是独角鲸上颚左侧突出的长牙，所以独角鲸又被叫作一角鲸。

独角鲸的"角"看上去就像是一根长矛，神气极了！

这天，独角鲸家族迎来了一个新宝宝——牙牙。独角鲸们围在牙牙身边，高兴极了！

他们希望牙牙可以快快长大，早日长出威武的长"角"。

8

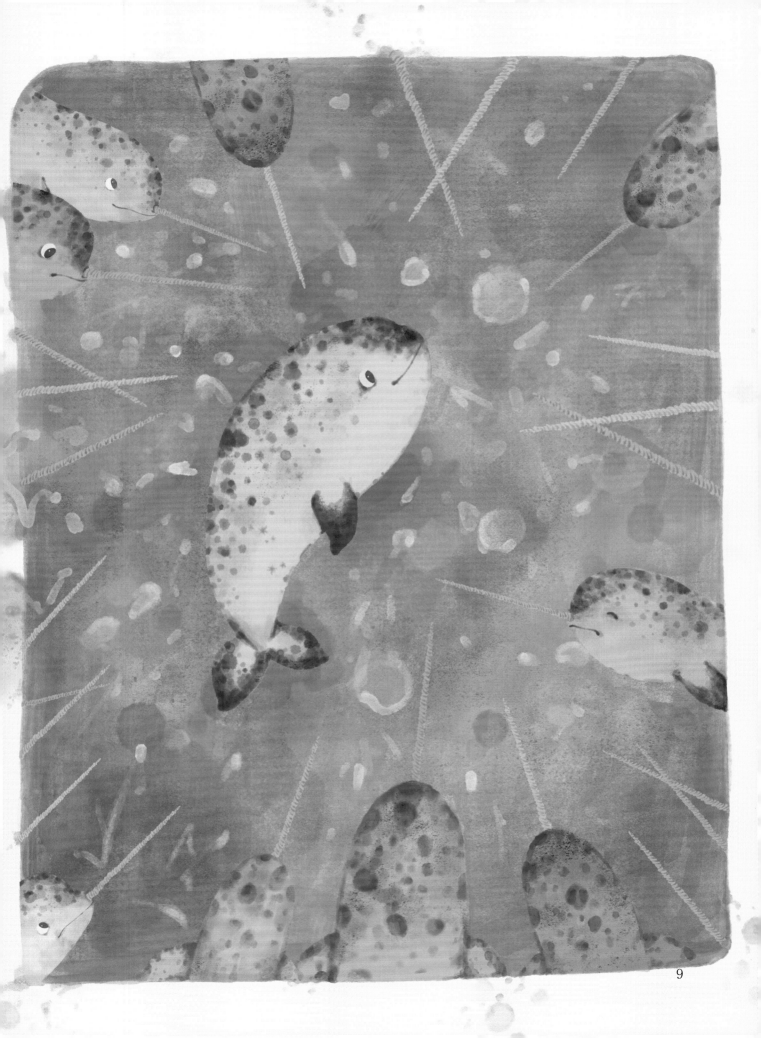

海面的冰层开始融化，独角鲸家族要去旅行了。

他们沿着一道道冰缝前进，
一路上快乐地喷着水柱。

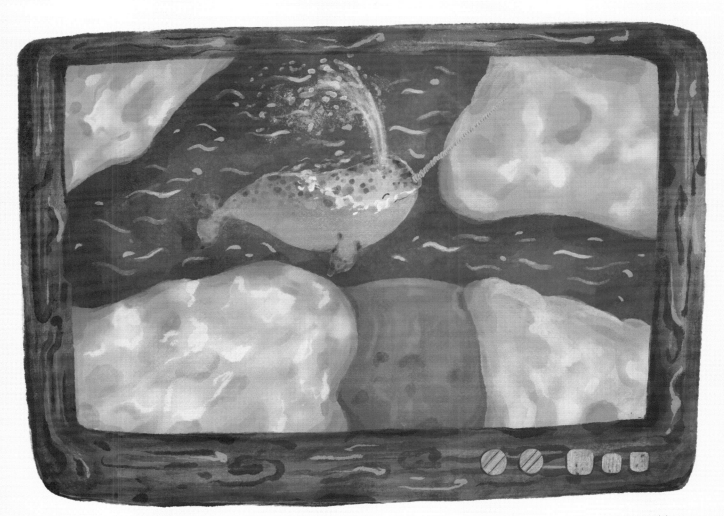

牙牙好奇地问道：
"爸爸，我们这么长的牙
齿有什么作用呢？"

爸爸告诉牙牙："长牙是独角鲸地位的象征。谁的牙齿最长最粗，就证明谁的身体最强壮！"

13

"这根长牙能够方便我们沟通，利于我们捕食，也能帮助我们摆脱危险。"

14

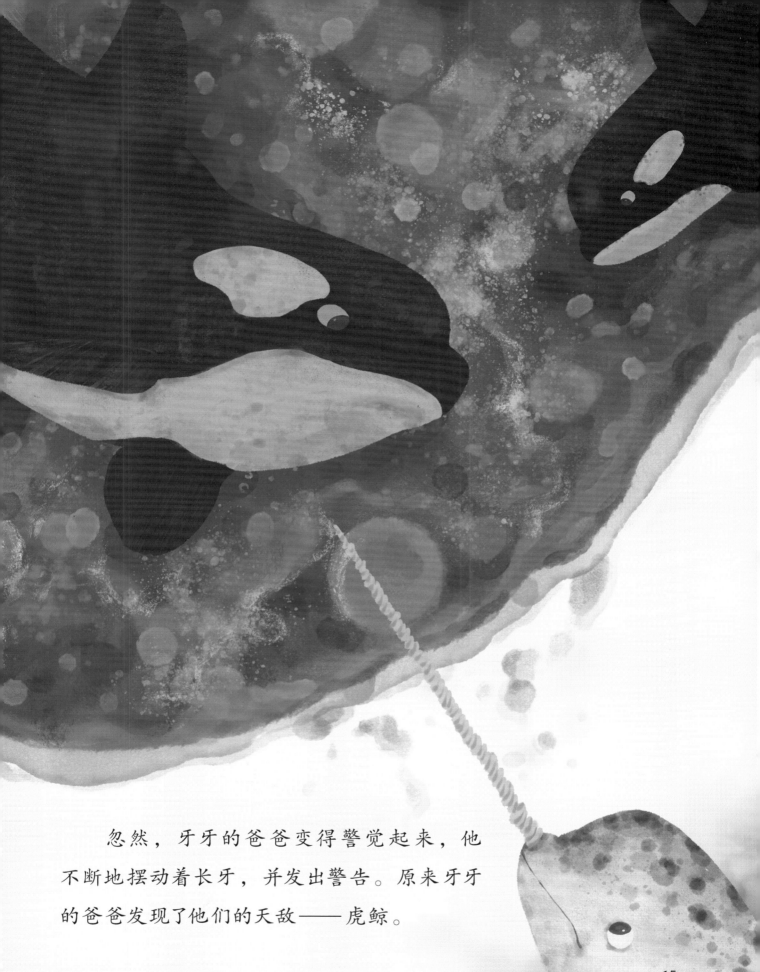

忽然，牙牙的爸爸变得警觉起来，他不断地摆动着长牙，并发出警告。原来牙牙的爸爸发现了他们的天敌——虎鲸。

牙牙紧张极了，他小心地跟着族群向海的深处下潜，不敢发出一点声音。等到独角鲸家族潜到海的深处，他才彻底松了一口气，因为虎鲸没有办法潜到海的深处。

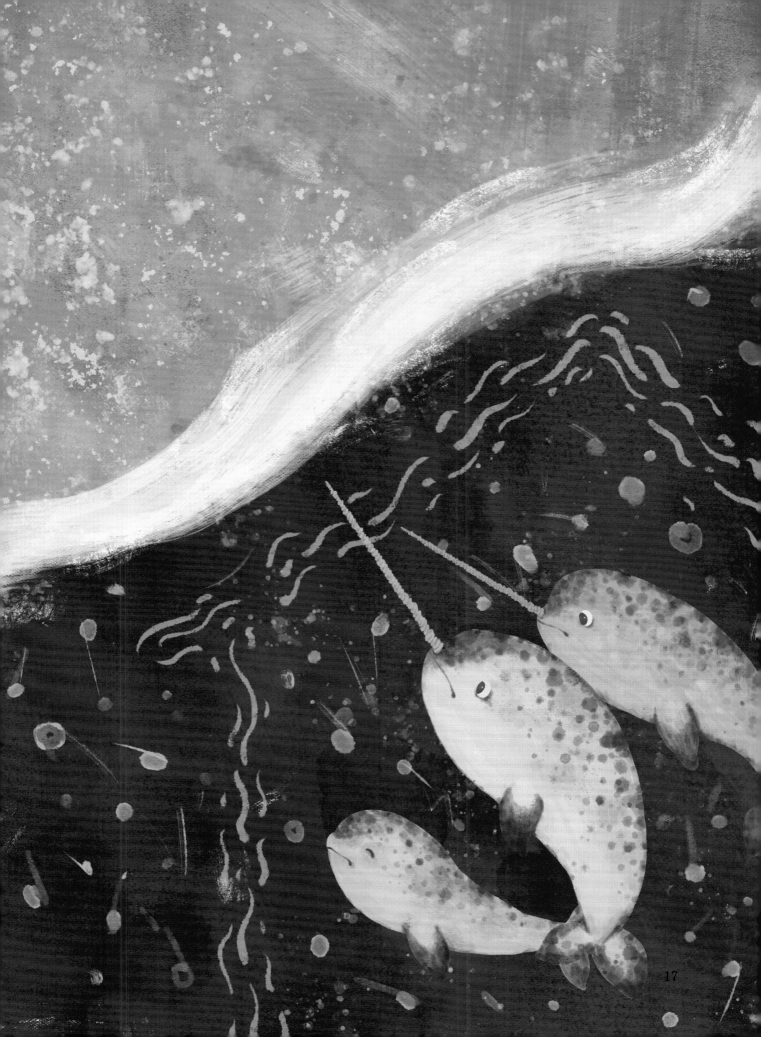

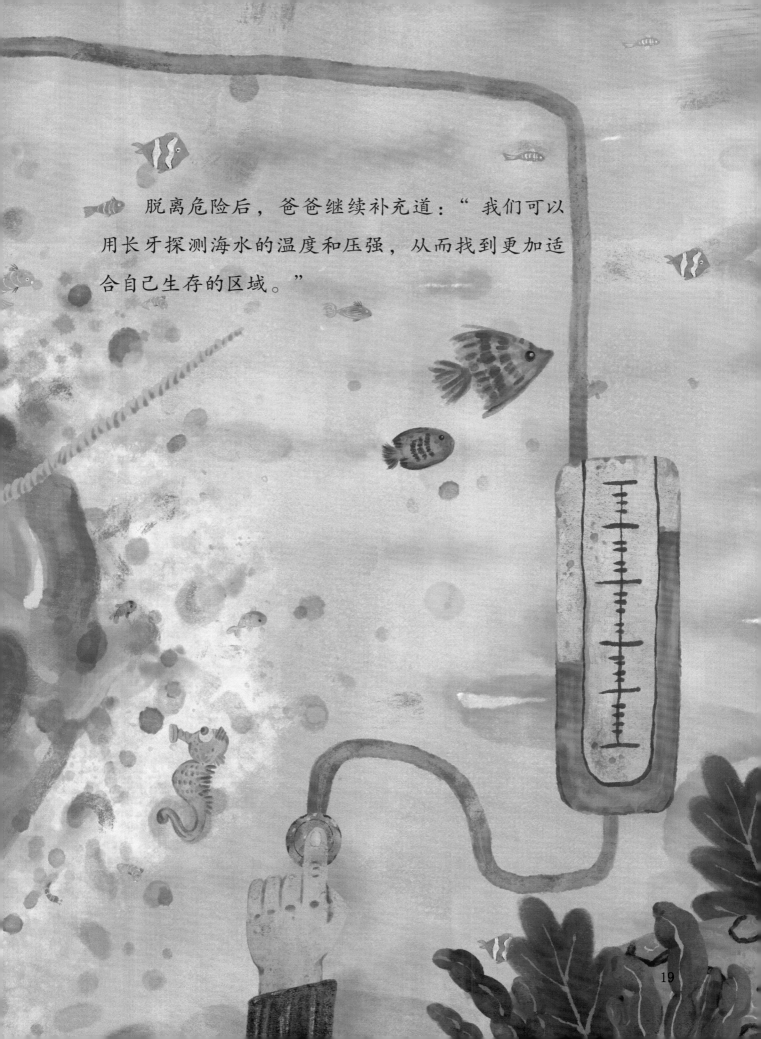

脱离危险后，爸爸继续补充道："我们可以用长牙探测海水的温度和压强，从而找到更加适合自己生存的区域。"

牙牙惊叹道："原来我们的长牙有这么多作用，好厉害呀！我也要快快长大，早点长出长长的牙！"

　　牙牙的爸爸轻轻地蹭了蹭牙牙的脑袋："傻孩子，长牙虽然很威风，但是同时它也会给我们带来一定的危险。你知道吗？岸上的人类非常喜欢我们的长牙，他们会想尽办法得到我们的长牙，以此来换取财富。"

"你长大后不仅要面对海里的危险，还要随时留意岸上的情况。如果可以，爸爸希望你能够一直像现在这样快乐！"

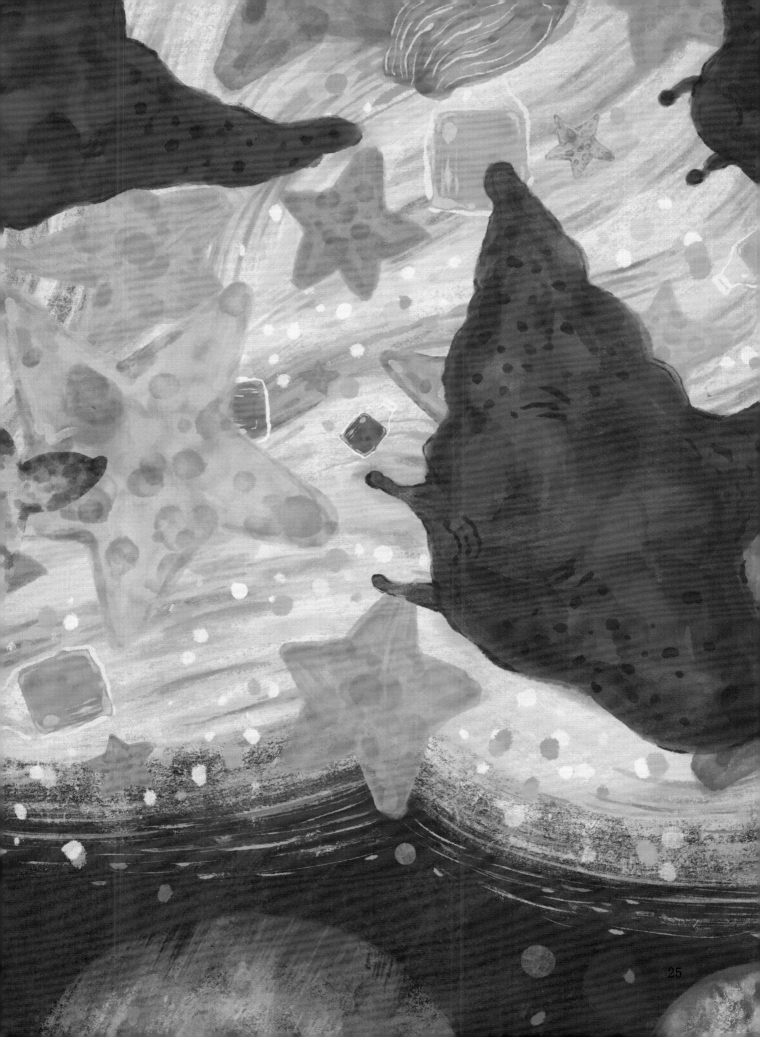

牙牙似懂非懂，他点了点头，靠在爸爸的身旁，慢慢地进入了梦乡。

深海里，独角鲸的故事还在上演着……

图书在版编目（CIP）数据

海洋独角兽：独角鲸／赵天刚著；于子洋绘．－－北京：应急管理出版社，2023

（鲸鱼之旅／庄玥玶主编）

ISBN 978－7－5237－0050－1

Ⅰ．①海…　Ⅱ．①赵…　②于…　Ⅲ．①鲸—儿童读物
Ⅳ．①Q959.841－49

中国国家版本馆 CIP 数据核字（2023）第 223591 号

海洋独角兽　独角鲸（鲸鱼之旅）

主　　编	庄玥玶
著　　者	赵天刚
绘　　画	于子洋
责任编辑	孙　婷
封面设计	娃娃绘本原创部

出版发行　应急管理出版社（北京市朝阳区芍药居 35 号　100029）
电　　话　010－84657898（总编室）　010－84657880（读者服务部）
网　　址　www.cciph.com.cn
印　　刷　永清县晔盛亚胶印有限公司
经　　销　全国新华书店

开　　本　889mm×1194mm¹⁄₁₆　**印张**　10¹⁄₂　**字数**　120 千字
版　　次　2023 年 12 月第 1 版　2023 年 12 月第 1 次印刷
社内编号　20230872　　　　　　**定价**　108.00 元（共六册）